Angélica Bautista-Cruz
Jorge D. Etchevers B.

Una revisión sobre los conceptos de la calidad del suelo

AF141108

Angélica Bautista-Cruz
Jorge D. Etchevers B.

Una revisión sobre los conceptos de la calidad del suelo

Sus indicadores e índices

Editorial Académica Española

Impressum / Aviso legal

Bibliografische Information der Deutschen Nationalbibliothek: Die Deutsche Nationalbibliothek verzeichnet diese Publikation in der Deutschen Nationalbibliografie; detaillierte bibliografische Daten sind im Internet über http://dnb.d-nb.de abrufbar.

Alle in diesem Buch genannten Marken und Produktnamen unterliegen warenzeichen-, marken- oder patentrechtlichem Schutz bzw. sind Warenzeichen oder eingetragene Warenzeichen der jeweiligen Inhaber. Die Wiedergabe von Marken, Produktnamen, Gebrauchsnamen, Handelsnamen, Warenbezeichnungen u.s.w. in diesem Werk berechtigt auch ohne besondere Kennzeichnung nicht zu der Annahme, dass solche Namen im Sinne der Warenzeichen- und Markenschutzgesetzgebung als frei zu betrachten wären und daher von jedermann benutzt werden dürften.

Información bibliográfica de la Deutsche Nationalbibliothek: La Deutsche Nationalbibliothek clasifica esta publicación en la Deutsche Nationalbibliografie; los datos bibliográficos detallados están disponibles en internet en http://dnb.d-nb.de.

Todos los nombres de marcas y nombres de productos mencionados en este libro están sujetos a la protección de marca comercial, marca registrada o patentes y son marcas comerciales o marcas comerciales registradas de sus respectivos propietarios. La reproducción en esta obra de nombres de marcas, nombres de productos, nombres comunes, nombres comerciales, descripciones de productos, etc., incluso sin una indicación particular, de ninguna manera debe interpretarse como que estos nombres pueden ser considerados sin limitaciones en materia de marcas y legislación de protección de marcas y, por lo tanto, ser utilizados por cualquier persona.

Coverbild / Imagen de portada: www.ingimage.com

Verlag / Editorial:
Editorial Académica Española
ist ein Imprint der / es una marca de
OmniScriptum GmbH & Co. KG
Heinrich-Böcking-Str. 6-8, 66121 Saarbrücken, Deutschland / Alemania
Email / Correo Electrónico: info@eae-publishing.com

Herstellung: siehe letzte Seite /
Publicado en: consulte la última página
ISBN: 978-3-8473-6509-9

ÍNDICE

1. Introducción

Los estudios y criterios para evaluar los cambios en la calidad del suelo son necesarios dada la degradación de este recurso, principalmente en los países en vías de desarrollo. La pérdida de la calidad del suelo impacta no sólo el ambiente local y global, sino que representa un problema económico que se traduce en menor bienestar para los habitantes de la región impactada y para toda la humanidad.

Se entiende por calidad del suelo su capacidad para funcionar, dentro de los límites de un ecosistema natural o agroecosistema, lo cual implica sostener la productividad de plantas y animales, mantener o mejorar la calidad del aire y del agua, y sostener la salud humana y el hábitat (Karlen *et al.*, 1997). Las funciones del suelo que determinan su calidad son (1) el sostenimiento de la actividad biológica, la biodiversidad y la productividad; (2) la acumulación, mantenimiento y suministro de agua para plantas, animales y humanos; (3) la filtración, amortiguamiento, degradación, inmovilización y detoxificación de materiales orgánicos e inorgánicos; (4) el almacenamiento y reciclaje de nutrientes y; (5) el soporte de estructuras socioeconómicas asociadas con el hábitat humano.

Como la calidad del suelo no se puede medir directamente, es necesario estimarla mediante la medición de algunas de sus propiedades que puedan servir como indicadores. Tales propiedades pueden ser físicas, químicas y biológicas que estén relacionadas con algunos de los procesos indicados más arriba, usualmente los de mayor importancia para la función edáfica que se evalúa en un ecosistema o agroecosistema.

En este trabajo se realiza una revisión de los principales conceptos relacionados con la calidad del suelo, los indicadores y los índices de la misma, de una manera que sean accesibles a científicos, técnicos, productores y extensionistas. Su objetivo es establecer una base teórica común para debatir el tema. La adecuada aplicación de los conceptos sobre estos temas debe redundar en un mejor manejo de la sustentabilidad del recurso, de la agricultura sustentable y en la toma de decisiones de políticas de uso del suelo.

2. El concepto suelo

No existe un concepto único de suelo. Por la importancia que tiene dicho recurso natural para todo tipo de vida en el planeta y para el presente trabajo, comenzaremos explorando algunas ideas actuales.

No hay discrepancia en cuanto a que los componentes del suelo incluyen materiales minerales (arena, limo y arcilla), materia orgánica, agua, gases y organismos vivos, tales como lombrices, insectos, bacterias, hongos, algas y nemátodos. En éste se dan continuos intercambios de moléculas y iones entre las fases sólida, líquida y gaseosa, que están mediados por procesos químicos, físicos y biológicos (Brady y Weil, 1999).

La tendencia moderna, con un fuerte enfoque ecológico, visualiza al suelo como un cuerpo viviente, natural, dinámico, vital para el funcionamiento de los ecosistemas terrestres (Doran y Parkin, 1994). El suelo se forma a una tasa de 1 cm por cada 100 a 400 años por la interacción del clima, topografía, biota y material parental, por lo que hay autores que lo consideran como un recurso no renovable en la escala humana de tiempo (Porta *et al.,* 1999).

Textos recientes (Sumner, 2000) consideran al suelo como una especie de piel, muy delgada, frágil y apreciada, que recubre las formaciones geológicas de la tierra, intemperizadas o parcialmente intemperizadas. No es roca ni sedimento geológico, sino que un producto proveniente de las alteraciones que experimentan estos materiales. Las alteraciones son causadas por factores geológicos, topográficos, climáticos, físicos, químicos y biológicos, que dan como resultado una entidad viva, compuesta, por un lado, por una asociación de partículas inorgánicas o minerales unidas por materia orgánica y perfusada por gases, y por otro lado, por la vida terrestre, que surge cuando este material complejo es humedecido y transformado en un sustrato fértil. El agua es el solvente y la conductora de los nutrientes, así como un constituyente vital, de todas las formas de vida. Esta zona del planeta se denomina pedosfera, y como ya se indicó, es biológicamente activa, porosa y un medio estructurado que de manera efectiva integra y disipa flujos de masa y energía. En su estado originario o prístino la pedosfera es autorregulada, pero a medida que continúa su intemperismo evoluciona lentamente a nuevos estados de equilibrio.

Otra visión moderna del suelo, también con un sólido fundamento holístico, incorpora explícitamente alguno de los servicios ambientales que presta el suelo, y lo considera, además de ser un sistema vivo y dinámico, con funciones primordiales de mantener la productividad de las especies vegetales que en él se establecen, como un recurso en el mantenimiento de la biodiversidad, la calidad del aire y del agua, así como de la salud humana y la calidad del hábitat (Doran y Parkin, 1994).

Dadas las notorias diferencias existentes entre los suelos es preciso contar con denominaciones específicas (Porta *et al.*, 1999). Para ello la taxonomía de suelos establece jerarquías de clases que permitan entender la relación entre los suelos y los factores responsables de sus características (Soil Survey Staff, 1998).

El Soil Survey Staff (1996) visualiza al suelo desde el punto de vista de un objeto de clasificación. Lo define como cuerpo natural tridimensional con límites definidos, que comúnmente, pero no siempre, está conformado por horizontes, los cuáles están constituidos de materiales minerales y orgánicos, contienen materia viva y pueden sostener vegetación. Esta concepción es limitada y no hace referencia a los servicios ambientales que presta este recurso. En la última versión del Soil Survey Staff (1998), el suelo es redefinido como un cuerpo natural formado por sólidos (minerales y materia orgánica), líquidos y gases, que ocurren sobre la superficie de la

3

tierra, ocupa un espacio y tiene una o ambas de las siguientes características: horizontes o capas que se diferencian del material inicial como resultado de adiciones, pérdidas, transferencias y transformaciones de materia y energía y/o la habilidad de poder mantener una determinada masa forestal, una rotación de cultivos, actuar como un depurador natural, entre otros posibles usos (Porta *et al.*, 1999).

2.1. Las funciones del suelo

El suelo desempeña cinco funciones clave o servicios ambientales en los ecosistemas terrestres: (i) mantiene el desarrollo de plantas superiores al proporcionar un medio para sus raíces y suministrar los nutrientes que necesitan; (ii) controla el destino del agua en el sistema hidrológico y su purificación; (iii) funciona como un sistema natural de reciclaje, dentro de él, los productos de deshecho y los residuos de plantas, animales y humanos son asimilados haciendo disponibles sus elementos constituyentes para la próxima generación de vida; (iv) proporciona hábitats para una gran cantidad de organismos vivos, desde mamíferos pequeños y reptiles hasta diminutos insectos y una diversidad de células microscópicas; (v) constituye la base para la construcción de carreteras, aeropuertos y casas; (vi) actúa como sistema detoxificante de un gran número de productos químicos y residuos industriales producidos por el hombre (Doran y Parkin, 1994; Brady y Weil, 1999).

2.2. La importancia del suelo y el contraste con la atención que se le brinda

A pesar de la importancia del suelo para la existencia de la vida en el planeta, la sociedad no le ha dado la atención que se merece. Su degradación es, hoy por hoy, una de las amenazas más serias que se cierne sobre el futuro de la humanidad y, a diferencia de otras crisis como las económicas, sus efectos son casi permanentes.

El fenómeno de la degradación se manifiesta por la erosión eólica e hídrica, la acidificación, la pérdida de materia orgánica, la salinización, la urbanización, la contaminación agroquímica, etc., que exhiben los suelos y que, desgraciadamente, muestran sus fases más agudas y crónicas en las naciones más pobres y en desarrollo. Ello es explicable, por la presión que ejerce sobre el suelo la población cada vez más numerosa en esos países, la que habitualmente no dispone de tecnologías apropiadas para producir en pequeñas unidades de terreno; la ausencia o los deficientes marcos legales que regulen el uso y protección de este recurso, son características de las naciones en desarrollo. Paradójicamente, es en los países desarrollados, y no en los países más afectados, donde primero se entiende el peligro que causa su deterioro acelerado.

Sin embargo, día a día crece la percepción de que el valor del suelo va mucho más allá de un mero recurso para la agricultura y que debe ser tratado como un medio de soporte para la vida (Dumanski et al., 1998). Por lo tanto, los científicos se encuentran frente a un múltiple desafío, el cual es intensificar, preservar e incrementar la calidad de la calidad del suelo. Para ello es necesario contar con una sólida concepción de la calidad y con indicadores de calidad o salud del suelo y de manejo sustentable del mismo, tal como se cuenta para dar seguimiento a variables sociales y económicas. Estos indicadores son importantes para ayudar a la toma de decisiones.

Además de definir indicadores, se ha propuesto la generación de índices de calidad del suelo, cuya función es hacer operativo este complejo concepto teórico. Se espera que los índices de calidad sean capaces de describir, de una manera simple y eficiente, todo el amplio ámbito de calidades del suelo y, al mismo tiempo, permitan comparar una condición específica de calidad con otra, donde haya ocurrido una u otra condición, pueden ser muy diferentes en su naturaleza, pero el índice debe ser sensible al cambio e indiferente al agente que lo provoca. Como este es un campo nuevo, la generación de índices de calidad del suelo requiere una gran cantidad de trabajo en el presente y en el futuro para hacer estos valores comparables, en suelos desarrollados bajo diferentes condiciones o sometidos a diferentes manejos.

3. La calidad o salud del suelo

Calidad del suelo es un concepto equivalente al de salud del suelo. Por lo general, el primero es más usado en el ámbito científico, mientras que el segundo es más empleado por los agricultores, en especial de los países desarrollados. No se conoce mucho acerca de la percepción de la calidad del suelo que tienen los productores de los países en desarrollo y la materia requiere de estudio y análisis en colaboración con científicos sociales.

La preocupación por la calidad del suelo no es nueva. Numerosos autores se han preocupado por el tema según lo señalan los trabajos de Lowdermilk (1953); Doran *et al.* (1996); Karlen *et al.* (1997) y Singer y Ewing (2000). Históricamente la calidad del suelo se ha igualado con la productividad agrícola. En el pasado los suelos de buena calidad eran considerados como aquellos que permitían maximizar la producción y minimizar la erosión así como otros efectos ambientales adversos. Se generaron clasificaciones donde aparecía el término tierras agrícolas de primera calidad, referido a los anteriores. Una idea relacionada con la calidad del suelo es la de capacidad de sustentabilidad, definida como el número de individuos que pueden ser mantenidos en un área dada (Budd, 1992). Los suelos con alta productividad eran considerados de alta capacidad sustentable y, consecuentemente, de alta calidad.

El interés en evaluar la calidad y salud del suelo se ha incrementado en los años recientes por ser éste un componente crítico de la biosfera, que no sólo interviene en la producción de alimentos y fibras sino también en el mantenimiento de la calidad ambiental local, regional y global (Doran *et al.*, 1996).

La calidad del suelo, de acuerdo con las ideas actuales es un concepto que sirve tanto para comprender la utilidad de los suelos como su salud. La calidad del suelo incluye conceptos tales como fertilidad, productividad potencial, sustentabilidad y calidad ambiental. Múltiples percepciones de la calidad del suelo han surgido desde que el concepto se popularizó en la década de los años noventa (Karlen *et al.*, 1997), sin embargo, se carece de un concepto unificado de la misma. A pesar del interés actual por la calidad del suelo para mantener y entregarlos en un estado aceptable para las futuras generaciones, la Ciencia del Suelo ha avanzado poco en la definición de qué se entiende por calidad.

De acuerdo con el Webster's Third New International Dictionary (1986), la palabra calidad se deriva del latín *qualitas*, que significa de qué tipo y se define como propiedades o atributos inherentes que pueden referir una cualidad o característica distintiva usada para describir una especie.

En términos simples, la calidad del suelo sería su capacidad para funcionar, concepto que refleja su naturaleza viva y dinámica. La calidad del suelo puede ser conceptualizada según Doran y Parkin (1994) y Karlen *et al.* (1997) con base en la función y balance de tres componentes principales: (1) la capacidad de un suelo para promover la productividad del sistema, sin perder sus propiedades físicas, químicas y biológicas (productividad biológica sustentable); (2) la capacidad del suelo para atenuar contaminantes ambientales y patógenos (calidad ambiental); y (3) la interrelación entre la calidad del suelo y la salud de plantas, animales, y humanos (salud de plantas y animales).

Larson y Pierce (1991) consideraron tres funciones esenciales del suelo para definir su calidad (a) el que proporcione un medio para el desarrollo vegetal, (b) que regule y divida el flujo del agua a través del ambiente y (c) que sirva como un filtro ambiental efectivo. La calidad del suelo es, entonces, su capacidad para funcionar dentro de los límites de un ecosistema e interactuar positivamente con su ambiente externo.

Según Parr *et al.* (1992) la calidad de un suelo es la capacidad que éste tiene para producir cultivos sanos y nutritivos en forma sostenida a largo plazo, y de promover, al mismo tiempo, la salud humana y animal sin detrimento de los recursos naturales o del medio circundante, un concepto muy parecido al anterior.

Otros autores, como Arshad y Coen (1992) dieron al concepto calidad del suelo una connotación más ecológica y lo definen como un nivel óptimo de la capacidad de sustentabilidad para aceptar, almacenar y reciclar agua, minerales y energía para la producción de cultivos, preservando un ambiente sano.

Karlen *et al.* (1992) definieron la calidad edáfica con base en la productividad del suelo a largo plazo y en el mantenimiento de la calidad ambiental: sería la capacidad que éste tiene para servir como un medio natural para el desarrollo de las plantas y sustentar la vida humana y animal.

Por su parte, Doran y Parkin (1994) concibieron la calidad del suelo como su capacidad para funcionar dentro de los límites de un ecosistema natural o transformado, sostener la productividad biológica, mantener la calidad ambiental y promover la salud de plantas y animales.

En tanto que para Gregorich *et al.* (1994) la calidad del suelo es una medida compuesta tanto de su capacidad para funcionar como de su adecuado funcionamiento, con relación a un uso específico.

Como se puede apreciar, las definiciones más recientes de calidad del suelo se basan no sólo en los usos humanos del suelo, sino en las funciones que éste desempeña dentro de los ecosistemas naturales y agrícolas. La existencia de múltiples definiciones sugieren que el concepto de calidad del suelo continúa evolucionando (Singer y Ewing, 2000).

Estas ideas se encuentran contenidas en la definición propuesta por la Soil Science Society of America *ad hoc* Committee on Soil Health (Karlen *et al.*, 1997). Para esta sociedad la calidad del suelo es la capacidad que exhibe este recurso natural para funcionar, dentro de los límites de un ecosistema natural o transformado, sostener la productividad de plantas y animales, mantener o mejorar la calidad del aire y del agua, y sostener la salud humana y el hábitat. Esta definición sienta las bases de las variables que deberían ser empleadas para evaluar la calidad del suelo. Los parámetros a medir se encuentran relacionados con las siguientes cinco funciones (1) sustentabilidad de la actividad biológica, diversidad, y productividad; (2) regulación y división del flujo del agua y de los solutos; (3) filtración, amortiguación, degradación, inmovilización y detoxificación de materiales orgánicos e inorgánicos, incluidos productos industriales y municipales y deposiciones atmosféricas; (4) almacenamiento y reciclaje de nutrientes y; (5) soporte de estructuras socioeconómicas asociadas con el hábitat humano. Para hacer tales precisiones se requiere observar la importancia del suelo para los ecosistemas y la salud; su importancia biológica; las funciones que debe desarrollar un suelo (agrícolas/ ambientales/ forestales/ urbanas/ recreativas), para lo cual es necesario desarrollar indicadores cuantitativos de calidad física/ química/ biológica/ ecológica, capaces de mostrar el o los impactos del mal manejo del suelo, de la degradación/rehabilitación de suelos, su sustentabilidad. Más adelante se encuentra una discusión sobre el tema de los indicadores.

Larson y Pierce (1991) postularon que la calidad del suelo puede ser vista de dos maneras (1) como propiedades inherentes de éste; y (2) como procesos dinámicos del suelo influidos por el clima, el uso antropogénico y el manejo. Las propiedades inherentes son el resultado de los factores de formación. Los segundos, por ejemplo, se reflejarían en dinámicas como la pérdida de arcilla y otras partículas de tamaño fino, materia orgánica, nutrientes y otras propiedades benéficas, como consecuencia, por ejemplo, de la adopción de un sistema agrícola que no protege la capa superficial de la erosión. Se supone que los suelos erosionados deberían funcionar en un nivel inferior a su potencial original y, por consecuencia su calidad debería ser menor (Doran *et al.*, 1996).

Si bien es cierto que los conceptos de salud y calidad del suelo son similares (Romig *et al.*, 1995), la salud del suelo puede ser considerada como el estado de éste en un tiempo particular, equivalente a las propiedades dinámicas del suelo que cambian en corto tiempo. Ejemplos de propiedades dinámicas del suelo son el contenido de materia orgánica, el número o diversidad de organismos, y los constituyentes o productos microbianos. En contraste, la calidad del suelo se puede interpretar como la utilidad del mismo para un propósito específico, en una escala más amplia de tiempo, equivalente a la calidad del suelo intrínseca o estática (Carter *et al.*, 1997).

Los estándares de la calidad del aire y del agua generalmente se basan en las concentraciones máximas permisibles de materiales peligrosos para la salud humana. Estos estándares están especificados y reglamentados de acuerdo a los usos públicos de estos recursos. Salvo pocas excepciones, los estándares de calidad del suelo no han sido establecidos, tampoco se han creado los reglamentos para mantener la calidad del suelo (Singer y Ewing, 2000). Posteriormente en esta revisión se hace un breve análisis sobre este aspecto.

3.1 Algunas contradicciones conceptuales acerca del paradigma de la calidad del suelo

Según Sojka y Upchurch (1999) las definiciones de calidad del suelo son contextuales y subjetivas. Por su parte, Singer y Ewing (2000) consideraron que este concepto continúa evolucionando y que es necesaria la unificación de criterios sobre su significado, su importancia y su medición. La evaluación de la calidad del suelo debe balancear una combinación de juicios de valor y, probablemente muchos conceptos ecológicos; por lo que una evaluación única, verdadera y correcta de la calidad del suelo no puede estrictamente derivarse de principios científicos. Este concepto no es enteramente aceptado (Dumanski *et al.*, 1998). La principal preocupación, sin embargo, es que ninguna evaluación de la calidad edáfica considera, de manera objetiva y simultánea los resultados potenciales positivos o negativos de todos los indicadores empleados en la evaluación de los tres elementos que la integran: producción, sustentabilidad y calidad ambiental. A menudo, sólo se reconocen los resultados positivos de ciertos indicadores, tales como el contenido de materia orgánica y la cantidad de lombrices, o solamente resultados negativos de parámetros como la salinidad o la compactación (Sojka y Upchurch, 1999). Por ejemplo, la materia orgánica proporciona muchos beneficios al suelo, sin embargo; también puede tener impactos negativos sobre el ambiente y la producción de cultivos. Estos impactos negativos rara vez son considerados en la evaluación de la calidad edáfica. Al incrementar el contenido de materia orgánica se incrementan los requerimientos de muchos pesticidas incorporados al suelo y como consecuencia, aumenta la producción económica de los cultivos, disminuye la calidad ambiental y se eleva la exposición humana a compuestos tóxicos. Otro ejemplo, de efectos negativos aun no reconocidos dentro del contexto de la calidad edáfica es la cantidad de lombrices, por una parte, estos invertebrados benefician de manera importante la producción agrícola; pero por otra, incrementan el flujo y movimiento rápido de contaminantes aplicados superficialmente hacia el subsuelo y actúan como vectores de enfermedades vegetales.

La calidad del suelo se debe definir en términos de distintos manejos y condiciones ambientales específicas, bajo circunstancias explícitas para un uso determinado. Las condiciones incluyen juicios de valor social, económico y biológico, entre otros. Solamente, una mezcla compleja de juicios científicos y no científicos podría decidir el balance de las funciones necesarias para evaluar la calidad del suelo. Aún, en el contexto productivo, la calidad es indefinible para sistemas complejos tan diversos como los suelos. Dumanski *et al.* (1998), sin embargo, expresaron que es necesario contar con descriptores que representen fielmente los cambios y tendencias (indicadores), los cuales deben ser usados para monitorear y evaluar los programas, pero que dichos descriptores no puede ser un grupo seleccionado *ad hoc* para cada situación particular, sino que debe ser idéntico en cada caso, con el propósito de poder hacer comparaciones a nivel nacional e internacional, que sean válidas.

3.2. Procesos que reducen la calidad del suelo

La erosión eólica e hídrica, la pérdida de materia orgánica, el rompimiento de la estructura del suelo, la salinización y la contaminación química son procesos que afectan la calidad del suelo y son acelerados por el uso inapropiado de este importante recurso natural y las prácticas de manejo asociadas a él (Acton y Gregorich, 1995).

3.2.1. Erosión

La erosión es un proceso que remueve y redistribuye el suelo. Tanto la erosión eólica como hídrica remueven el suelo superficial, que es la capa de suelo más apta para mantener la vida. La pérdida de toda o parte de esta capa superficial perjudica la capacidad del suelo para producir cultivos reduciendo su fertilidad y su habilidad para aceptar y almacenar agua y aire. Como la fertilidad disminuye, los nutrientes perdidos son reemplazados mediante la aplicación de fertilizantes y la posibilidad de pérdida de una gran cantidad de nutrientes vía erosiones eólicas e hídricas posteriores se incrementa.

Proteger el suelo de la erosión usualmente involucra mantenerlo cubierto con cultivos o residuos de éstos. Utilizar métodos como la labranza de conservación, manejo de residuos, abonos verdes y cultivos continuos ayuda a mantener la cobertura del suelo.

3.2.2. Pérdida de materia orgánica

La pérdida de materia orgánica está frecuentemente relacionada con la pérdida de suelo superficial a través de la erosión. La materia orgánica también se pierde por oxidación microbiana porque los microorganismos del suelo la utilizan como fuente de alimento durante su metabolismo. Las prácticas de manejo que añaden poca materia orgánica al suelo o incrementan su tasa de descomposición provocan una reducción en su contenido. Como la materia orgánica es rica en nitrógeno, fósforo, y otros nutrientes, su pérdida reduce la fertilidad del suelo y su capacidad para producir cultivos.

3.2.3. Cambios en la estructura del suelo

Los cambios en la estructura del suelo afectan su calidad de muchas maneras. El espacio poroso en el suelo es importante como una vía para la entrada del agua, un almacén y proveedor de agua y aire para las plantas, y un conducto para la salida del agua del suelo. Los suelos de alta calidad tienen muchos poros de varios tamaños y formas. Las prácticas agrícolas que incrementan la tasa de erosión, el rompimiento de los agregados del suelo o la reducción de los espacios porosos (compactación del suelo) son los mecanismos más comunes que modifican la estructura del suelo. El rompimiento de la estructura edáfica reduce su capacidad para producir cultivos y su capacidad para regular y dividir el flujo del agua a través del ambiente.

3.2.4. Salinización

La salinidad del suelo reduce su capacidad para producir cultivos restringiendo la cantidad de agua que las plantas pueden adquirir de él. Los cultivos responden al incremento de la salinidad de la misma manera como lo hacen ante las condiciones de estrés por sequía. La salinidad del suelo está principalmente controlada por factores geológicos y climáticos. Sin embargo, cualquier cambio en el ciclo hidrológico, como resultado del drenaje o inundación, cambia la forma de la superficie de la tierra, incrementa o reduce el desarrollo vegetal, afectando la calidad del suelo.

3.2.5. Contaminación agroquímica

Los suelos agrícolas se pueden contaminar de muchas maneras, incluyendo la deposición atmosférica de deshechos industriales y la aplicación directa de agroquímicos, residuos municipales y riego con aguas salinas. Los agroquímicos no utilizados pueden permanecer en el suelo y contaminar el agua mediante la entrada del agua superficial a través de la infiltración. Las prácticas de manejo que involucran la aplicación de fertilizantes (particularmente de nitrógeno) más allá de los requerimientos de cada cultivo o la aplicación de grandes dosis de pesticidas exceden la capacidad del suelo para actuar como un buffer ambiental (Acton y Gregorich, 1995).

3.3. Variación temporal y espacial de la calidad del suelo

Para evaluar la calidad del suelo se deben considerar tanto las dimensiones en espacio como en tiempo. Ninguna propiedad del suelo es permanente, por lo que su tasa y frecuencia de cambio varía ampliamente. La calidad del suelo se puede evaluar a diferentes niveles: sitio, regional, nacional, e incluso mundial. Los investigadores han utilizado dos enfoques relacionados con la escala espacial para evaluar la calidad del suelo (1) seleccionar indicadores para comparar la escala geográfica para la cual se realice la evaluación de la calidad del suelo; y (2) ampliar la información del indicador a una escala mayor de observación (cuenca, región, etc.). Hay que tomar en cuenta que la mayoría de la información de la literatura que se usa se ha generado para suelos manejados en grandes extensiones, como ocurre con las granjas agrícolas en Estados Unidos las cuales históricamente tienden a ser de mayor superficie. Sin embargo, las evaluaciones a nivel de cuenca y de región son menos precisas debido a que se cuenta con pocas mediciones reales y se tiene una mayor dependencia de los modelos de simulación y de las bases de datos existentes para estimar las mediciones. La pérdida de precisión y detalle en las evaluaciones de calidad del suelo es una de las principales desventajas de este enfoque. Aunque la ventaja más importante es el bajo costo de los recursos necesarios para colectar los datos (Seybold *et al.*, 1997). A pesar de que se han propuesto conjuntos mínimos de propiedades del suelo (en inglés, MDS, minimum data sets) para su uso como indicadores de calidad del suelo a nivel de sitio (Arshad y Coen, 1992; Doran y Parkin, 1994; Larson y Pierce, 1991, 1994), ninguno se ha evaluado a escala regional (Bredja *et al.*, 2000). Los indicadores obtenidos a una escala pequeña (sitio) proporcionan mayor detalle, pero su costo es más alto y consumen más tiempo para el muestreo y la interpretación. Por lo tanto, es necesario desarrollar métodos que generalicen o relacionen la información puntual con una escala mayor de observación, esto es a nivel de cuenca o región. Para evaluar la calidad del suelo a este nivel se han utilizado métodos geoestadísticos (Seybold *et al.*, 1997).

No obstante, el nivel de aproximación recomendado para suelos agrícolas en parcelas pequeñas sería obtener indicadores a nivel de sitio, debido a que proporcionan mayor información y precisión, a pesar de las desventajas ya mencionadas.

El tiempo es importante por su efecto sobre el clima, las condiciones de humedad del suelo, las acciones humanas, la etapa de desarrollo vegetal y otros factores que incrementan la variabilidad temporal del indicador. El intervalo de tiempo apropiado para medir los cambios en un indicador de la calidad del suelo está determinado por el tiempo de respuesta del indicador (Seybold *et al.*, 1997).

Las propiedades biológicas como los indicadores ecológicos, son más dinámicas y, por lo tanto, tienen la ventaja de servir como señales tempranas de degradación o de mejoría de los suelos. Sin embargo, hay indicadores que requieren más de 10 años para exhibir cambios como respuesta a un manejo determinado.

3.4. Evaluación de la calidad del suelo

La evaluación de la calidad edáfica y la identificación de las propiedades clave para hacerlo no es tarea fácil dadas las múltiples definiciones de calidad de suelo que se manejan y los factores químicos, físicos y biológicos que controlan los procesos biogeoquímicos, así como su variación en tiempo, espacio e intensidad. Se ha pensado que el empleo de índices de calidad del suelo es una alternativa a tal complejidad. Estos índices deberían incluir mediciones de ciertas propiedades del suelo, funciones y condiciones que proporcionen indicadores útiles de la calidad edáfica (Acton y Gregorich, 1995).

3.4.1. Evaluación cualitativa de la calidad del suelo

Seybold *et al.* (1997) establecieron que las mediciones cualitativas de la calidad del suelo tienden a ser más subjetivas, pero pueden ser evaluadas más fácilmente, y algunas veces ser más informativas para los usuarios del suelo.

Según Arshad y Coen (1992) algunas observaciones como el encostramiento, estancamiento de agua, cobertura de la vegetación y otras características pueden revelar posibles cambios en la calidad del suelo.

Acton y Gregorich (1995) reportaron que en una encuesta realizada para describir los suelos saludables, los productores estadounidenses, reconocieron como atributos del suelo que fueran más profundos y obscuros, fáciles de arar, que permitiesen las labores de cultivo más temprano en primavera, que absorbiesen y retuviesen más agua, que se secasen más pronto, que la descomposición de los residuos de cultivos ocurriese más rápidamente en el otoño, que tuviesen contenidos más altos de materia orgánica y menor erosión, que el número de lombrices y su tamaño fuese elevado, que el olor que desprendiesen fuese dulce y a aire fresco, que los costos de los combustibles empleados en su laboreo fuesen inferiores a otros, que la maquinaria usada se desgastase menos que lo habitual, que los requerimientos de fertilizantes fuesen inferiores a la media, que el trabajo con los tractores fuese más fácil, que el rendimiento de los cultivos fuese más alto y los problemas con insectos y enfermedades menores, y las semillas de los cultivos producidos fuesen de mejor calidad.

Similarmente, algunos indicadores cualitativos empleados por agricultores de pequeñas parcelas para clasificar sus suelos como de alta o baja calidad en el país de Kenia fueron rendimiento del cultivo, color, textura, capacidad de retención de agua y respuesta del suelo a la fertilización (Mairura *et al.*, 2008).

En México, en la Sierra Norte de Oaxaca, los productores tradicionales que cultivan maíz en suelos de ladera, señalaron como características deseables de un suelo de calidad el que permitiera diversos cultivos, que fuera fácil de labrar, poroso, que los terrones húmedos se deshicieran con las manos, que retuviera agua, que no se erosionara, que tuviera color oscuro, que requiriera poca fertilización y que los cultivos sembrados presentaran un aspecto vigoroso (Vergara-Sánchez, 2003). Los campesinos de la microcuenca de Atécuaro, Michoacán (México) consideraron como suelos de buena calidad a aquellos que tuvieran un color pardo oscuro, que fueran húmedos, suaves, sueltos y más productivos. Por el contrario, para ellos los suelos de mala calidad son pegajosos, no consumen agua, son duros y difíciles de trabajar (Alcalá de Jesús *et al.*, 2008).

3.4.2. Evaluación cuantitativa de la calidad del suelo

La evaluación cuantitativa de la calidad del suelo requiere considerar muchas funciones que éste realiza, sus variaciones en tiempo y espacio, y sus modificaciones o cambios. Las evaluaciones deben incluir funciones específicas del suelo que sean evaluadas tanto en el uso de suelo como en el contexto social. Los valores para los indicadores clave se deben establecer teniendo en cuenta que variarán dependiendo del uso del suelo, la función específica del suelo, y el ecosistema o paisaje en el cual se esté haciendo la evaluación. Por ejemplo, el contenido de materia orgánica es frecuentemente considerado como el indicador principal de la calidad del suelo. Los valores establecidos para Ultisols altamente intemperizados del sureste de Estados Unidos señalan que niveles de 2% (1.2% de C orgánico) en el suelo superficial serían muy buenos, mientras el mismo valor para Mollisols desarrollados bajo pastizales, que comúnmente presentan niveles más altos de materia orgánica representarían una condición de degradación (Bezdiceck *et al.*, 1996).

Se han propuesto varios enfoques para evaluar la calidad del suelo. Una característica común entre todos estos enfoques es que la calidad sea evaluada con respecto a funciones específicas del suelo. Larson y Pierce (1994) propusieron una evaluación en la que consideran la dinámica o los cambios en la calidad del suelo de un sistema de manejo como medida de su sustentabilidad. Estos autores plantearon usar un conjunto mínimo de datos (MDS, por sus siglas en inglés) de propiedades del suelo temporalmente variables para monitorear los cambios en la calidad de este recurso a través del tiempo. También propusieron utilizar las funciones de pedotransferencia para estimar los atributos del suelo que resultan demasiado costosos de medir. Bouma (1989) definió una función de pedotransferencia como una función matemática que relaciona las propiedades del suelo unas con otras para su uso en la evaluación de la calidad del suelo.

La evaluación de la calidad edáfica no está limitada a áreas agrícolas. Los bosques y sus suelos son importantes para el balance del carbono global. Por ello, la materia orgánica así como la porosidad del suelo, recientemente han sido propuestas, como indicadores de la calidad de suelos forestales (Bezdiceck *et al.*, 1996).

3.4.3. Valores de referencia para evaluar la calidad del suelo

En general, los indicadores de calidad del suelo se pueden interpretar en dos formas (1) considerar los valores obtenidos para un suelo prístino como base de comparación y verificar los cambios que ocurren con el tiempo por efecto del uso y manejo, lo que determina si la calidad aumenta o decrece (Bezdicek *et al.*, 1996; Seybold *et al.*, 1997; Masciandaro y Ceccanti, 1999; Karlen *et al.*, 2001; Saviozzi *et al.*, 2001) o; (2) contrastar los valores de los indicadores obtenidos con valores de referencia que se le han asignado a un suelo que funciona a una capacidad deseada (Kettler *et al.*, 2000; Wick *et al.*, 2000; Sánchez-Marañon *et al.*, 2002). Con estos enfoques, en el primer caso se puede deducir el efecto del manejo sobre la calidad del suelo y su tendencia en el tiempo, en el segundo se puede concluir qué tan próximo está un suelo de la calidad óptima o deseada.

Para los suelos en su estado prístino, los valores de referencia representan la capacidad inherente de un suelo para funcionar, la cual está dada por sus factores y procesos de formación. El uso del suelo cambia sus condiciones prístinas, por lo tanto, se requiere un conjunto diferente de valores de referencia (Seybold *et al.*, 1997). Los suelos con un manejo intensivo pueden estar funcionando a su máxima capacidad, pero a menudo funcionan a un potencial menor de lo que lo harían en su condición prístina. Contrariamente, las actividades humanas de recuperación de suelos pueden incrementar la capacidad máxima de los suelos para funcionar con relación a su condición prístina.

Sin embargo, debido a la falta de un acuerdo sobre la definición de calidad del suelo, actualmente no hay un consenso general respecto a qué suelos se pudieran considerar de máxima calidad (Gil-Sotres *et al.*, 2005). Otra opción para establecer un suelo de máxima calidad es considerar un suelo capaz de mantener una productividad alta y de generar el mínimo impacto ambiental; por ejemplo, los suelos que mantienen una producción sustentable, altos niveles de calidad ambiental sin detrimento de la salud humana y animal (Jackson, 2002).

4. Indicadores de calidad del suelo

Actualmente no hay criterios aceptados universalmente que permitan evaluar los cambios en la calidad del suelo. Lo cual contrasta con la preocupación creciente acerca de su degradación, de la disminución en su calidad y su impacto sobre el bienestar de la humanidad y el ambiente global (Arshad y Coen, 1992).

Los indicadores son descriptores que representan una condición y conllevan información acerca de los cambios o tendencias de esa condición (Dumanski *et al.,* 1998). Según Adriaanse (1993) los indicadores son instrumentos de análisis que permiten simplificar, cuantificar y comunicar fenómenos complejos. Tales indicadores se aplican a muchos campos del conocimiento (economía, salud, recursos naturales, etc). Los indicadores de calidad del suelo se basan en un marco conceptual adecuado para este propósito, en el entendimiento del sistema suelo, en los cambios que éste ha experimentado, y en sus relaciones con otros sistemas (vegetales, clima, poblaciones, etc). Los indicadores de calidad del suelo pueden ser propiedades físicas, químicas y biológicas, o procesos que miden los cambios que ocurren en él (SQI, 1996).

Etchevers (1999) con base en las ideas de Hünnemeyer *et al.* (1994), estableció que los indicadores de la calidad del suelo deberían permitir (a) analizar la situación actual e identificar los puntos críticos con respecto a la sustentabilidad del suelo como un recurso natural importante para la calidad de vida o el mantenimiento de la biodiversidad; (b) analizar los posibles impactos antes de una intervención; (c) monitorear el impacto de las intervenciones antrópicas; y (d) ayudar a determinar si el uso del recurso es sustentable.

4.1. Condiciones que deben cumplir los indicadores de calidad del suelo

Doran y Parkin (1994) propusieron una lista de condiciones que deben cubrir las propiedades físicas, químicas y biológicas del suelo para que sean consideradas indicadores de calidad edáfica:
- ser descriptoras de los procesos del ecosistema
- integrar propiedades físicas, químicas y biológicas del suelo
- reflejar los atributos de sustentabilidad que se quieren medir
- ser sensitivas a variaciones de clima y manejo
- ser accesibles a muchos usuarios y aplicables a condiciones de campo
- su medición debe ser reproducible
- ser fáciles de entender
- ser sensitivas para detectar cambios en el suelo como resultado de la degradación antropogénica
- de ser posible, ser componentes de una base de datos del suelo ya existente

Aunque muchas propiedades del suelo son afectadas por los procesos de degradación, las que son cuantificables y afectadas de manera primaria son: profundidad, capacidad de retención de agua, densidad aparente, conductividad hidráulica, disponibilidad de nutrientes, materia orgánica, pH y conductividad eléctrica. El alcance y grado de los cambios en estos parámetros de calidad del suelo depende de factores agroclimáticos, hidrogeológicos, prácticas de cultivo y culturales, y sistemas de manejo (Arshad y Coen, 1992).

La disponibilidad de los indicadores para ser utilizados en la evaluación de la calidad del suelo puede variar de localidad a localidad dependiendo del tipo y uso, función y factores de formación del suelo (Arshad y Coen, 1992). Pero ya se señaló que había objeciones a este enfoque (Dumanski *et al.*, 1998) y estos autores preferirían contar con indicadores que no fuesen *ad hoc* a cada circunstancia. Estos indicadores, sin embargo, no serían los mismos para diferentes niveles de interés (parcela, regional, nacional, internacional) y tendrían mayor relevancia y utilidad si los interesados participasen en su selección.

La identificación efectiva de indicadores apropiados para evaluar la calidad del suelo depende de la habilidad de cualquier enfoque para considerar los múltiples componentes de la función del suelo, en particular, el buen desempeño de funciones como la productividad y la ambiental. La identificación de los indicadores y su evaluación es además compleja por la multiplicidad de factores químicos, físicos y biológicos que controlan los procesos biogeoquímicos y su variación en intensidad con respecto al tiempo y espacio (Doran *et al.,* 1996).

4.2. Selección de los indicadores de calidad del suelo

Sería imposible utilizar todo el ecosistema o todas las propiedades del suelo como indicadores, por lo que se ha propuesto un conjunto mínimo de propiedades (MDS) del suelo para evaluar su calidad. El número de indicadores de calidad varía en función del objetivo que se persiga, así como del tipo, uso, función y factores de formación del suelo (Seybold *et al.*, 1997).

La selección de los indicadores debería basarse en (SQI, 1996):
- el uso del suelo;
- la relación entre un indicador y la función del suelo que se esté evaluando;
- la facilidad y confiabilidad de la medición;
- la variación entre el tiempo de muestreo y la variación a través del área de muestreo;
- la compatibilidad con la rutina de muestreo y el monitoreo;
- la habilidad requerida para su uso e interpretación.

El monitoreo de la calidad del suelo se debe dirigir primeramente hacia la detección de cambios que son medibles en un periodo de 1 a 10 años. Los cambios detectados deben ser reales, pero al mismo tiempo se deben corregir rápidamente antes de que ocurra la pérdida indeseable y quizá irreversible de la calidad del suelo (SQI, 1996).

4.3. Indicadores químicos

Los indicadores químicos propuestos se refieren a condiciones de este tipo que afectan las relaciones suelo-planta, la calidad del agua, la capacidad amortiguadora del suelo, la disponibilidad de agua y nutrientes para las plantas y microorganismos (SQI, 1996). Larson y Pierce (1991); Doran y

Parkin (1994) y Karlen *et al.* (1997) recomendaron determinar la disponibilidad de nutrientes, carbono orgánico total, carbono orgánico lábil, pH, conductividad eléctrica, capacidad de adsorción de fosfatos, capacidad de intercambio de cationes, cambios en la materia orgánica, nitrógeno total y nitrógeno mineralizable.

4.4. Indicadores físicos

Las características físicas del suelo son una parte necesaria en la evaluación de la calidad de este recurso porque no se pueden mejorar fácilmente (Singer y Ewing, 2000). Las propiedades físicas que pueden ser utilizadas como indicadores físicos de la calidad del suelo son aquellas que reflejan la manera en que este recurso acepta, retiene y transmite agua a las plantas, así como las limitaciones que se pueden encontrar en el crecimiento de las raíces, la emergencia de las plántulas, la infiltración o el movimiento del agua dentro del perfil y que además estén relacionadas con el arreglo de las partículas y los poros. La estructura, densidad aparente, estabilidad de agregados, infiltración, profundidad del suelo superficial, capacidad de almacenamiento de agua, conductividad hidráulica saturada son las características físicas del suelo que se han propuesto como indicadores de su calidad (Larson y Pierce, 1991; Arshad y Coen, 1992; Karlen *et al.*, 1997).

4.5. Indicadores biológicos

Los indicadores biológicos incluyen mediciones de micro y macroorganismos, su actividad y subproductos, población de lombrices, nemátodos o termitas, la tasa de respiración para detectar actividad microbiana (relacionada con la descomposición microbiana de la materia orgánica del suelo), ergosterol u otros subproductos de los hongos, la tasa de descomposición de los residuos vegetales, N de la biomasa microbiana, C de la biomasa microbiana (SQI, 1996; Karlen *et al.*, 1997).

La salud biológica del suelo, definida como la capacidad del suelo para funcionar como un sistema vivo, es un aspecto crítico de la calidad edáfica porque los organismos llevan a cabo muchas funciones clave en los suelos, tales como la liberación de nutrientes y el mantenimiento de la estructura del suelo. También forman asociaciones simbióticas con las raíces, actúan como antagonistas de patógenos (Pankhurst *et al.*, 1997). Esto significa que los indicadores biológicos de la calidad del suelo tienen la capacidad de integrar una gran cantidad de factores que pueden afectar la salud del suelo. Se han propuesto varios indicadores biológicos de la calidad edáfica (Pankhurst *et al.*, 1997), pero las cuantificaciones de biomasa microbiana se usan frecuentemente porque se pueden aplicar a una gran cantidad de suelos y se llevan a cabo con relativa facilidad. Sparling (1997) mostró que la biomasa microbiana es mucho más sensible al cambio que el carbono total por lo que se ha propuesto que la relación del $C_{microbiano}$ con el $C_{orgánico}$ del suelo puede detectar cambios tempranos en la dinámica de la materia orgánica edáfica.

En general, los parámetros físicos y físico-químicos son poco empleados, porque solamente se ven afectados cuando el suelo experimenta un cambio realmente drástico (Filip, 2002). Por el contrario, los parámetros biológicos y bioquímicos son sensibles a ligeras modificaciones que el suelo puede sufrir en presencia de cualquier agente de degradación (Nannipieri *et al.*, 1990). Por lo tanto, siempre que la sustentabilidad de las funciones del suelo y sus diferentes usos tengan que ser evaluadas, los indicadores deben incluir parámetros biológicos y bioquímicos (Gil-Sotres *et al.*, 2005). Si se considera el amplio número de propiedades biológicas y bioquímicas involucradas en el funcionamiento del suelo, se deben contemplar diferentes niveles de estudio, los cuáles exigen emplear grupos específicos de propiedades (Visser y Parkinson, 1992). Un nivel es el de la comunidad biótica, el cual implica el uso de propiedades relacionadas con la estructura de la población microbiana. Un segundo nivel involucra estudios de población, el cual considera la dinámica de organismos específicos o comunidades de organismos (indicadores biológicos). Un tercer nivel, es el ecosistémico, el cual incluye propiedades relacionadas con los ciclos biogeoquímicos (C, N, P y S), especialmente aquéllas ligadas a la transformación de la materia orgánica en el suelo; es decir, propiedades relacionadas con el tamaño, diversidad y actividad de la biomasa microbiana, así como la actividad de las enzimas hidrolíticas del suelo (Gil-Sotres *et al.*, 2005). Actualmente, la estructura de las poblaciones microbianas se determina con técnicas moleculares, entre las que se incluyen, perfil de ácidos grasos y caracterización del ácido desoxirribonucleico (Nannipieri *et al.*, 2002).

4.6. Uso de los indicadores

Doran y Parkin (1996) en su revisión señalaron que Constanza *et al.* (1992), propusieron una estrategia a largo plazo para la evaluación y mejoramiento de los ecosistemas saludables, con base en el modelo utilizado en la práctica de la medicina humana y animal. La evaluación de la salud humana en medicina sigue una secuencia de seis etapas: (a) identificar los síntomas; (b) identificar y medir signos vitales; (c) realizar un diagnóstico provisional; (d) ordenar análisis para verificar el diagnóstico; (e) hacer un pronóstico y (f) prescribir un tratamiento.

En un examen médico se toman ciertas mediciones clave como la temperatura, presión sanguínea, pulso, y quizá, algunos parámetros sanguíneos como indicadores básicos del funcionamiento del sistema corporal. Un procedimiento análogo se debería llevar a cabo con los suelos, si los indicadores básicos de la salud del suelo están fuera de los intervalos comúnmente aceptados, se deben realizan pruebas más específicas que ayuden a identificar la causa del problema y encontrar la solución. Por ejemplo, una presión sanguínea excesivamente alta puede indicar una falla potencial del sistema (muerte) a través de un ataque o paro cardiaco. El problema de la presión sanguínea alta puede ser resultado del estilo de vida del individuo debido a una dieta impropia o a un alto nivel de estrés. Para evaluar una causa dietética de la presión sanguínea elevada, el médico puede requerir un segundo examen sanguíneo de colesterol, electrolitos, etc. Este es un buen ejemplo del uso de indicadores básicos para identificar un problema y monitorear los efectos del manejo sobre la salud de un sistema (Doran *et al.,* 1996).

5. Índices de calidad de suelos

Los índices deben ser considerados como indicadores de la marcha de un proceso, y como tales, no tienen un carácter y un valor absoluto. Los índices de calidad del suelo se podrían comparar con los índices de inflación de los países. Las canastas de los productos considerados para la generación de éstos (los elementos considerados en la evaluación), son función de los hábitos de vida y nivel económico de cada país y no necesariamente son iguales en cada caso. Sin embargo, el índice que mide el cambio permite comparar los procesos de inflación entre países con sistemas económicos y estados de desarrollo muy diversos. En el caso de los índices de calidad del suelo, se trata de algo similar, de buscar ciertos parámetros que permitan generar un número que independientemente de la naturaleza de los elementos empleados en su generación permitan establecer una idea del estado de la calidad del suelo.

Los agricultores de los países desarrollados generalmente utilizan como indicadores cualitativos de calidad del suelo el olor, color, consistencia y textura al tacto para juzgar la calidad del suelo. Sin embargo, estos indicadores son difíciles de parametrizar, ya que envuelven juicios de valor, por lo que los esfuerzos actuales se han orientado a la generación de índices de calidad del suelo que consideren cambios que ocurren tanto en propiedades físicas, químicas y biológicas, como en los procesos y características del suelo, en respuesta a la influencia antrópica (diferentes prácticas de manejo), o por razones naturales, que son más fáciles de medir. Estos valores deben ser integrados de alguna manera, generalmente un algoritmo al que a cada factor se le asigna un coeficiente de ponderación en función de algún razonamiento teórico o empírico. Estos indicadores deben permitir generar información útil para la toma de decisiones referentes al manejo y las medidas preventivas y/o correctivas que eviten que la calidad del suelo se siga degradando o deteriorando.

5.1. Generación de índices de calidad de suelos

Doran y Parkin (1994) propusieron un índice de calidad del suelo que se podría usar para proporcionar una evaluación de la función del suelo considerando resultados de (i) producción sustentable; (ii) calidad ambiental y; (iii) salud animal y humana. Este índice de calidad del suelo considera seis elementos:

SQ= f (SQE1, SQE2, SQE3, SQE4, SQE5, SQE6) [1]

donde los elementos de la calidad del suelo (SQEi) son:

SQE1= Producción de alimentos y fibras
SQE2= Erosividad
SQE3= Calidad del agua subterránea
SQE4= Calidad del agua superficial
SQE5= Calidad del aire
SQE6= Calidad de los alimentos

La ventaja de este enfoque es que las funciones del suelo se pueden evaluar con base en criterios específicos de funcionamiento establecidos para cada elemento, en un ecosistema o agroecosistema dado. Por ejemplo, el rendimiento de la producción de cultivos (SQE1); límites de pérdidas por erosión (SQE2); concentración límite de pérdida de compuestos químicos de la zona radical (SQE3); límites nutrimentales, compuestos químicos y sedimentos arrastrados por superficies adyacentes de sistemas acuosos (SQE4); tasa de producción y gases que contribuyen a la destrucción de la capa de ozono o el efecto invernadero (SQE5); composición nutrimental y cantidad de residuos químicos en alimentos (SQE6). Esta lista de elementos constitutivos de un índice de calidad está restringida a situaciones agrícolas. Otros elementos, como la calidad del hábitat silvestre, se podrían agregar para ampliar las aplicaciones de este enfoque. Actualmente, se carece de información suficiente para identificar con certeza la relación funcional óptima, utilizada para combinar los diferentes elementos de la calidad del suelo mostrados en la Ecuación 1. Sin embargo, para tal fin se ha propuesto una función multiplicativa simple (Ecuación 2).

$$SQ=(K1\ SQE1)(K2\ SQE2)(K3\ SQE3)(K4\ SQE4)(K5\ SQE5)\ (K6\ SQE6)\ [2]$$

donde K = coeficiente de peso o ponderación

Los factores de ponderación son asignados a cada elemento de la calidad del suelo por medio del peso relativo de coeficientes determinados, a través de información geográfica, intereses sociales y económicos. Por ejemplo, en una región dada la producción de alimentos puede ser el interés primario, y la calidad del aire ser de importancia secundaria. Si este fuera el caso, SQE1 debería tener una mayor ponderación que SQE5 (Doran y Parkin, 1994).

Estos índices basados en el conjunto mínimo de datos se podrían usar para predecir los efectos de sistemas agrícolas y prácticas de manejo sobre la calidad del suelo, o podrían proporcionar señales tempranas de degradación (Parr *et al.*, 1992).

Karlen *et al.* (1994) desarrollaron un índice de calidad con base en cuatro funciones del suelo (i) regular el flujo de agua, (ii) retener y suministrar agua a las plantas, (iii) resistir la degradación y, (iv) sostener el desarrollo vegetal. Glover *et al.* (2000) y Dick y Stott (2001) utilizaron un enfoque similar. Harris *et al.* (1996) obtuvieron un índice de calidad considerando tres funciones del suelo que incluyeron su capacidad para (i) resistir la erosión, (ii) proporcionar nutrimentos a las plantas y, (iii) proporcionar un ambiente favorable para las raíces. Hussain *et al.* (1999) modificaron este enfoque y ajustaron los límites críticos de cada indicador de acuerdo con las condiciones locales. Andrews *et al.* (2004) seleccionaron los indicadores de calidad de acuerdo con los objetivos de manejo, asociados a las funciones del suelo y a otros factores específicos del sitio. Estos autores sugirieron seis funciones del suelo (i) ciclo de nutrimentos, (ii) relaciones suelo-agua, (iii) estabilidad física, (iv) capacidad de amortiguamiento, (v) resistencia y resiliencia y, (vi) biodiversidad y hábitat; y tres objetivos de manejo: productividad, reciclamiento del agua y, protección ambiental. Todas estas evaluaciones de calidad se desarrollaron para suelos de clima templado, pero los estudios sobre calidad del suelo en suelos de clima semiárido y de clima tropical, son escasos (Sharma *et al.*, 2005).

6. La dinámica de la calidad del suelo como medida del manejo sustentable

Para muchos, un manejo sustentable significa estabilidad en producción y beneficios. Para otros, el objetivo intrínseco del manejo sustentable es proteger y mejorar el recurso natural, tanto biótico como abiótico. Otros piensan que mantener el orden social es esencial para la sustentabilidad. En resumen, el concepto de sustentabilidad es multidimensional (Larson y Pierce, 1994).

La calidad del suelo es un componente crítico de la agricultura sustentable. Mientras el término calidad del suelo es relativamente nuevo, es bien sabido que los suelos varían en calidad y que la calidad del suelo cambia en respuesta a su uso y manejo, la sustentabilidad está entonces enfocada tanto a la calidad del recurso suelo como a la relación entre su uso, el manejo y el ambiente.

Larson y Pierce (1994) señalaron que el sistema es sustentable solamente cuando la calidad del suelo se mantiene o aumenta, por lo que una evaluación cuantitativa de los cambios en la calidad del suelo proporciona una medida del manejo sustentable.

Un enfoque a menudo empleado en la evaluación de sistemas de manejo sustentable es la evaluación comparativa. Una evaluación comparativa es aquella en la cual el funcionamiento del sistema es determinado con relación a sistemas alternativos. Las características y la producción de sistemas alternativos son comparadas a un tiempo, t, con respecto a los atributos bióticos y abióticos del suelo. Con base en la diferencia de los parámetros medidos se toma una decisión referente a la sustentabilidad relativa de cada sistema. Por ejemplo, Reganold (1988) realizó una evaluación comparativa en la cual comparó dos sistemas agrícolas ubicados cerca de Spokane (Washington), manejados bajo prácticas agrícolas convencionales y orgánicas. El concluyó que a largo plazo, el sistema con agricultura orgánica fue más efectivo que el sistema con agricultura convencional en mantener la friabilidad y productividad del suelo y reducir su pérdida por erosión.

En contraste al enfoque de las evaluaciones comparativas, Larson y Pierce (1994) propusieron una evaluación dinámica, en la cual la dinámica del sistema constituye una medida de su sustentabilidad. En este enfoque, un sistema manejado es evaluado en términos de su funcionamiento actual, el cual está determinado por la medición de atributos de la calidad del suelo con respecto al tiempo, bajo un marco de principios establecidos de control estadístico de calidad.

El control estadístico de calidad proporciona principios importantes que tienen relevancia para la evaluación de la dinámica de la calidad del suelo y como medida del manejo sustentable:

1.   La calidad del suelo se mejora diseñando un sistema estadístico de calidad e identificando oportunidades de mejora que perfeccionen este sistema.

2.   Los procesos de control de calidad requieren identificar y monitorear variables clave que determinen las características de calidad del sistema.

3.   Es importante conocer la dinámica de los procesos que originan una producción para cuantificar la variabilidad del proceso.

4.   La disminución de la variabilidad de entrada de un proceso tenderá a disminuir la variabilidad de salida.

5.   Las pruebas estadísticas se deben basar en estándares operacionalmente definidos y no en el criterio del personal responsable de su realización.

6.   Conforme la calidad esté proyectada dentro de más y más procesos, se puede esperar que la necesidad de monitorear la calidad de la producción será menor.

La evaluación dinámica incluye las siguientes etapas:

1. Identificar explícitamente la producción deseable de manejo.

2. Evaluar el diseño del sistema para determinar si producirá el rendimiento esperado.

3. Identificar los parámetros importantes de calidad del suelo y establecer los estándares de calidad.

4. Establecer el punto de partida para la evaluación de un sistema de manejo. Es necesario conocer la condición del suelo al inicio del cambio de manejo a menos que los antecedentes históricos del sitio sean buenos.

5. Evaluar la producción del sistema para determinar si es resultado del sistema diseñado, del proceso de funcionamiento del sistema, o de ambos.

6. Estabilizar un proceso del sistema que esté fuera de control. Un sistema estable es aquel en el que la variación es únicamente un resultado del sistema en estudio; no hay causas especiales de variación.

7. Mejorar la sustentabilidad de un sistema de manejo estable adaptándolo con técnicas de diseño experimental apropiadas.

7. Transferencia de tecnología

Las investigaciones tradicionales han identificado prácticas de manejo que conservan el recurso suelo, protegen la calidad del agua y del aire, o maximizan los rendimientos del cultivo. Sin embargo, el desarrollo de estrategias de manejo sustentable para mantener la calidad del suelo y el balance en la producción requieren nuevas investigaciones y evaluaciones *in situ* para confirmar las aplicaciones específicas de estrategias generales a través de condiciones climáticas, edafológicas, económicas y sociales. Para ello es importante facilitar la participación de los productores en los procesos de investigación que tengan como objetivo el desarrollo de sistemas de producción práctica, lo cual se lograría haciendo accesibles a ellos las metodologías utilizadas por los investigadores (Doran *et al.,* 1996). Esto es, que las pruebas sean simples de realizar, requieran poco equipo, sean económicas, den resultados rápidos y confiables dentro de un intervalo aceptable y que se puedan interpretar con un conjunto mínimo de instrucciones.

8. Estrategias para mejorar la calidad del suelo

Se debe llevar a cabo una investigación crítica que aumente nuestro conocimiento de la dinámica de la población microbiana del suelo en respuesta a diferentes estrategias de manejo y que tenga como principal objetivo mejorar la calidad edáfica a nivel mundial. Las estrategias de manejo que agregan o mantienen el carbono del suelo parecen tener buen potencial para mejorar la calidad de nuestro recurso suelo (Karlen *et al.,* 1992).

El potencial para mejorar la calidad del suelo mediante el uso de materiales orgánicos como pastos, o deshechos alimenticios procesados como la melaza fermentada también se debe investigar.

Por su parte, Arshad y Coen (1992) establecieron que:

• Es necesario contar con límites críticos de los principales atributos físicos y químicos para la producción de varios sistemas de cultivos bajo diferentes regiones agroclimáticas.

• Para cuantificar y evaluar los cambios en la calidad del suelo, se deben entender las interacciones de los sistemas agrícolas con diferentes atributos del suelo.

• Se debe identificar un conjunto mínimo de datos para desarrollar criterios científicamente válidos para evaluar y monitorear la calidad del suelo. Los datos obtenidos deben ser útiles en el desarrollo de modelos que predigan la tasa de cambio (positiva o negativa) en la calidad del suelo. Se debe poner especial cuidado en la calidad más que en la cantidad de los datos.

• Se deben realizar experimentos a largo plazo (20-30 años) para establecer los efectos positivos o negativos de diferentes prácticas de manejo sobre los atributos del suelo.

Las investigaciones deben desarrollar técnicas simples que puedan ser empleadas por productores y extensionistas, particularmente donde los recursos económicos son limitados.

9. Análisis de casos. Ejemplos de la selección de indicadores de calidad en suelos agrícolas y forestales del sureste de México

En esta sección se ejemplifica la metodología para la derivación de indicadores de calidad en suelos agrícolas y forestales. Los indicadores se seleccionaron de los atributos y puntos críticos identificados para cada sistema.

Estudio de caso 1. Indicadores de calidad de suelos cultivados con maguey mezcalero (*Agave angustifolia* Haw.)

Este ejemplo ilustra la selección de indicadores de calidad del suelo en plantaciones de maguey mezcalero (*Agave angustifolia* Haw.) localizadas en tres diferentes condiciones topográficas (montaña, lomerío y planicie) en el Distrito de Tlacolula, Oaxaca (México) (Figura 1). Actualmente, en el área conocida como región del mezcal en el estado de Oaxaca se cultivan 15,000 ha con maguey mezcalero, el cual se usa como materia prima para la elaboración de la bebida alcohólica denominada "mezcal". En esta actividad están involucrados 131 municipios y 226 comunidades (Chagoya-Méndez, 2004). De acuerdo con los agricultores, este maguey se ha cultivado por más de un siglo. El maguey mezcalero se puede desarrollar en suelos someros y poco fértiles pero, como ocurre en otras plantaciones permanentes, este sistema puede disminuir los reservorios naturales de nutrientes del suelo, principalmente si no se suministran restituciones externas de nutrientes.

El clima de la zona es templado-semiárido (Comisión Nacional de Biodiversidad, 2004). La vegetación original es selva baja caducifolia (Lorence y García Mendoza, 1989), las especies dominantes son *Acacia* spp., *Bursera* spp., *Ipomea* spp., *Leucaena esculenta* y *Prosopis laevigata*. Una extensa área de la vegetación original se ha talado y quemado, y el suelo aclareado se ha utilizado para el cultivo de maguey mezcalero. Las principales clases de suelo a 1060-1700 m de altitud son Regosoles y Leptosoles. El material parental es roca caliza con lutita del Cretácico inferior (Castillo y Castro, 1996). La precipitación media anual es de 726 mm. La temperatura media anual varía entre 28 y 32°C. En este agroecosistema Bautista-Cruz et al. (2011) seleccionaron mediante análisis de componentes principales al carbono orgánico, pH, carbono de la biomasa microbiana y Mg^{2+} intercambiable como indicadores potenciales de la calidad del suelo. De estos indicadores, el carbono orgánico resultó el indicador más sensible en diferenciar los sitios de estudio.

(a)
(b)

(c)
(d)

Figura 1. Cultivos de maguey mezcalero (*Agave angustifolia* Haw.) en planicie (a), lomerío (b), montaña (c) y productores de maguey (d) en Tlacolula, Oaxaca, México. (Imágenes capturadas por A. Bautista-Cruz).

Estudio de caso 2. Indicadores de calidad de suelos durante la regeneración de un bosque mesófilo de montaña

El bosque mesófilo de montaña de la Sierra Norte de Oaxaca (Fig. 2), México experimenta una severa intervención antrópica y una reducción en su superficie original, lo cual ha dado origen a un mosaico de estadios sucesionales avanzados, intermedios y tempranos y, paralelamente, a la pérdida de suelo.

En México, y también a nivel mundial, son escasos los estudios que evalúan los cambios en las propiedades físicas, químicas y biológicas del suelo, como resultado de la perturbación que experimentan los bosques mesófilos. Estudiar los cambios en las condiciones indicadas es de gran importancia, puesto que el suelo es un componente central del ecosistema. De su preservación depende, en gran medida, el mantenimiento de la diversidad de plantas, animales y microorganismos entre otras funciones (Doran y Parkin, 1994). La mejor forma de preservar la diversidad es conservar los ecosistemas lo más cercano a sus condiciones naturales, pero al mismo tiempo, garantizar su manejo sustentable.

El sitio de estudio se localiza en una porción de la Sierra Norte de Oaxaca conocida como El Rincón, entre los paralelos 17°15' y 17°30' N y los meridianos 95°15' y 96°25' W. Políticamente la zona de estudio está ubicada en los distritos de Villa Alta e Ixtlán de Juárez. Los municipios comprendidos para Villa Alta son Tanetze de Zaragoza, San Juan Juquila Vijanos y parte de San Miguel Talea de Castro; y para Ixtlán el municipio de San Miguel Yotao. Los municipios estudiados fueron seleccionados por su cercanía, similitud en cuanto a clima, altitud, topografía; además de presentar diferentes etapas sucesionales que constituían tres cronosecuencias. La topografía es montañosa, con pendientes del orden de 5 a 120% y altitudes que van desde los 1400 hasta los 2300 m. El clima es semicálido húmedo a templado, con una precipitación media de 1500 a 2000 mm, pero puede alcanzar los 3000 mm en los meses más lluviosos y 40 mm en el mes más seco. La temperatura media anual es de 20 a 22 °C, siendo las temperaturas máximas 42 °C y las mínimas de 4 a 6°C (INEGI, 1990). La geología está constituída principalmente por rocas metamórficas que consisten en esquistos del Complejo Mazateco, del mesozoico. También se pueden encontrar rocas sedimentarias que incluyen únicamente calizas del cretácico inferior (Kcz) pertenecientes al Grupo Sierra Madre. Esta secuencia está cubierta por rocas ígneas extrusivas que están representadas en su mayoría por andesitas porfídicas, andesitas afaníticas y, raramente por pórfidos andesíticos (Castillo y Castro, 1996).

La vegetación originalmente estaba representada por bosque mesófilo de montaña. Este ecosistema ha estado sometido a perturbaciones como el aclareo para su conversión a campos de maíz. El abandono de estos campos de cultivo ha dado origen a un proceso de sucesión secundaria, permitiendo identificar con base en el estrato de la vegetación tres cronosecuencias, cada una con cinco etapas serales. En cada cronosecuencia se seleccionaron cinco parcelas con una superficie de 0.4 ha cada una con vegetaciones que representaban edades aproximadas de 0, 15, 45, 75 y 100 años o más desde su última perturbación. La vegetación de 0 años está representada por cultivos de maíz, aunque también es posible encontrar especies de los géneros *Pteridium, Smilax* y algunas especies de familias como Poaceae, Rubiaceae, Asteraceae, Melastomataceae y Phytolacaceae. Según Blanco (2001) las especies con mayor densidad en los acahuales o bosques de 15 años fueron *Pinus chiapensis; Quercus sapotifolia; Liquidambar macrophylla, Phyllonoma laticuspis, Gaultheria acuminata, Hedyosmun mexicanum y Clethra integerrima.* En los bosques de 45 años las especies con mayor densidad fueron *Phyllonoma laticuspis, Bejaria mexicana, Clethra kenoyeri, Viburnum leucanthum y Lyonia squamulosa.* Los bosques de 75 años incluyeron especies como *Clethra kenoyeri, Phyllonoma laticuspis, Rapanea jurgensenii, Ternstroemia hemsleyi, Quercus laurina, Rondeletia liebmannii* y *Ocotea helicterifolia.* En los bosques maduros las especies con mayor densidad fueron *Ternstroemia hemsleyi, Bejaria mexicana, Ilex pringlei, Quetzalia occidentalis, Weinmannia pinnata, Persea americana, Clethra kenoyeri, Ocotea helicterifolia* y *Hamelia patens.*

Durante la regeneración forestal Bautista-Cruz et al. (2012) seleccionaron indicadores de calidad del suelo mediante análisis de componentes principales. Estos indicadores incluyeron carbono orgánico, pH, fósforo disponible, espesor del horizonte O y Al^{3+} intercambiable. Los mismos autores encontraron que los indicadores de calidad del suelo seleccionados mostraron diferentes tasas de recuperación durante la regeneración del bosque. El carbono orgánico tuvo una tasa rápida de recuperación, por lo tanto una mayor capacidad de retornar a sus niveles originales antes de la perturbación del ecosistema. Mientras que el espesor del horizonte O, el pH, el fósforo disponible y el Al^{3+} intercambiable exhibieron una tasa lenta de recuperación. Este estudio reveló que los indicadores de calidad del suelo no siempre cambiaron linealmente ni mejoraron con la edad del bosque.

(a)   (b)

Figura 2. Imagen de un bosque mesófilo de montaña ubicado en la Sierra Norte de Oaxaca, México (a) y cambio de uso del suelo de forestal a agrícola para implementar cultivos de maíz (b). (Imagen capturada por A. Bautista-Cruz).

Agradecimientos

A la Secretaría de Investigación y Posgrado del Instituto Politécnico Nacional por las facilidades otorgadas para la realización de la presente revisión bibliográfica.

10. Referencias

Acton, D.F. y L.J. Gregorich. 1995. The health of our soils toward sustainable agriculture in Canada. Centre of Land and Biological Resources Research. Research Branch, Agriculture and Agri-Food Canada, Ottawa, Ont.

Adriaanse, A. 1993. Environmental Policy Performance Indicators. A study on the Development of Indicators for Environmental Policy in the Netherlands. Sdu Uitgeverij Koninginnergrach. The Netherlands.

Alcalá de Jesús, M., N. Alanís-González y R. García-Rangel. 2008. Clasificación local de tierras en la microcuenca de Atécuaro, Municipio de Morelia, Michoacán. In: Valencia-Moreno, M. y L. Vega-Granillo (eds.). Libro de Resúmenes. 1er Congreso sobre la Evolución Geológica y Ecológica del Noroeste de México. Universidad Nacional Autónoma de México, Instituto de Geología, Estación Regional del Noroeste. Hermosillo, Sonora, México.

Andrews, S.S., D.L. Karlen y C.A. Cambardella. 2004. The soil management assessment framework: A quantitative soil quality evaluation method. Soil Sci. Soc. Am. J. 68: 1945-1962.

Arshad, M.A. y G.M. Coen. 1992. Characterization of soil quality: Physical and chemical criteria. Am. J. Altern. Agr. 7: 25-31.

Bautista-Cruz, A., F. de León-González, R. Carrillo-González y C. Robles. 2011. Identification of soil quality indicators for maguey mezcalero

(*Agave angustifolia* Haw.) plantations in Southern Mexico. African J. Agric. Res. 6: 4795-4799.

Bautista-Cruz, A., R.F. del Castillo, J.D. Etchevers-Barra, M.C. Gutiérrez-Castorena y A. Báez. 2012. Selection and interpretation of soil quality indicators for forest recovery after clearing of a tropical montane cloud forest in Mexico. Forest Ecol. Manag. 277: 74-80.

Bezdicek, F.D., R.I. Papendick y R. Lal. 1996. Introduction: Importance of Soil Quality to Health and Sustainable Land Mangement. In: Methods for assesing soil quality. Soil Sci. Soc. Am. Special publication 49.

Blanco, M.A. 2001. Análisis sucesional del bosque mesófilo de montaña en El Rincón, Sierra Norte, Oaxaca. Tesis Profesional. Universidad Nacional Autónoma de México. Facultad de estudios Superiores Iztacala. p. 15.

Bouma, J. 1989. Using soil survey data for quantitative land evaluation. Adv. Soil Sci. 9: 177-213.

Brady, C.N. y R.R. Weil. 1999. The Nature and Properties of Soils. Prentice Hall. USA. pp. 1-3, 56.

Bredja, J.J., T.B. Moorman, D.L. Karlen y T.H. Dao. 2000. Identification of regional soil quality factors and indicators: I. Central and Southern High Plains. Soil Sci. Soc. Am. J. 64: 2115-2124.

Budd, W.W. 1992. What capacity the land? J. Soil Water Conserv. 47: 28-31.

Carter, M.R., E.G. Gregorich, D.W. Anderson, J.W. Doran, H.H. Janzen y F.J. Pierce. 1997. Concepts of soil quality and their significance. In: Gregorich, E.G. y M. Carter (eds.). Soil quality for crop production and ecosystem health. Elsevier Science Publishers. Amsterdam, Netherlands.

Castillo, N.F. y M.J. Castro (eds.). 1996. Consejo de Recursos Minerales. Monografía Geológico Minera del Estado de Oaxaca. Secretaría de Comercio y Fomento Industrial, Consejo de Recursos Minerales, México.

Chagoya-Méndez, V.M. 2004. Diagnóstico de la cadena productiva del sistema producto maguey-mezcal. Secretaría de Agricultura Ganadería Desarrollo Rural Pesca y Alimentación SAGARPA-Delegación Oaxaca. Oaxaca, México.

Comisión Nacional de Biodiversidad. 2004. [En línea]. Disponible en: http:www.conabioweb.conabio.gob.mx/metacarto/metadatos.pl. Consultado el 14 de marzo del 2006.

Dick, M. y D.E. Stott. 2001. Development of a soil quality index for the Chalmers Silty Clay Loam from the Midwest, USA. In: Stott, D.E., R.H. Mohtar y G.C. Steinhardt (eds.). The Global Farm. Selected papers from the 10th International Soil Conservation Meeting held on May 24-29 at Purdue University and the USDA-ARS National Soil Erosion Research Laboratory.

Doran, J.W., M. Sarrantonio y M.A. Liebig. 1996. Soil Health and Sustainability. Adv. Agron. 56: 1-54.

Doran, J.W. y T.B. Parkin. 1994. Defining soil quality for a sustainable environment. Soil Sci. Soc. Am., Inc. Special Publication. Number 35. Madison, Wisconsin, USA.

Doran, J.W. y T.B. Parkin. 1996. Quantitative indicators of soil quality: a minimum data set. In: Methods for assessing Soil Quality, SSSA Special Publication Number 49, Wisconsin, USA. pp. 25-37.

Dumanski, J., S. Gameda y C. Pieri. 1998. Indicators of land quality and sustainable land management. The World Bank, Washington, DC.

Etchevers, B. J. 1999. Indicadores de la calidad del suelo. Trabajo presentado en la Reunión Conservación y Restauración de Suelos, Programa Universitario del Medio Ambiente, UNAM, D.F.

Filip, Z. 2002. International approach to assessing soil quality by ecologically-related biological parameters. Agric. Ecosyst. Environ. 88: 169-174.

Gil-Sotres, F., C. Trasar-Cepeda, M.C. Leirós y S. Seoane. 2005. Different approaches to evaluating soil quality using biochemical properties. Soil Biol. Biochem. 37: 877-887.

Glover, J.D., J.P. Reganold y P.K. Andrews. 2000. Systematic method for rating soil quality of conventional, organic, and integrated apple orchard in Washington State. Agric. Ecosyst. Environ. 80: 29-45.

Gregorich, E.G., M.R. Carter, D.A. Angers, C.M. Monreal y B.H. Ellert. 1994. Towards a minimum data set to asses soil organic matter quality in agricultural soils. Can. J. Soil Sci. 74: 367-386.

Harris, R.F., D.L. Karlen y D.J. Mulla. 1996. A conceptual framework for assessment and management soil quality and health. In: Doran, J.W. y A.L. Jones (eds.). Methods for Assessing Soil Quality. SSSA Special publication No. 49, ASA and SSSA. Madison, WI., USA. pp 61-82.

Hussain, I., K.R. Olson, M.M. Wander y D.L. Karlen. 1999. Adaptation of soil quality indices and application to three tillage systems in southern Illinois. Soil Till. Res. 50: 237-249.

INEGI. 1990. Guías para la Interpretación de la Cartografía y Geología de la Secretaría de Programación y Presupuesto.

Jackson, W. 2002. Natural systems agriculture: a truly radical alternative. Agric. Ecosyst. Environ. 88: 111-117.

Karlen, D.L., S.S. Andrews y J.W. Doran. 2001. Soil quality: current concepts and applications. Adv. Agron. 74: 1-38.

Karlen, D.L., M.J. Mausbach, J.W. Doran, R.G. Cline, R.F. Harris y G.E. Schuman. 1997. Soil quality: a concept, definition and framework for evaluation. Soil Sci. Soc. Am. J. 61: 4-10.

Karlen, D.L., N.C. Wollenhaupt, D.C. Erbach, E.C. Berry, J.B. Swan, N.S. Each y J.L. Jordahl. 1994. Crop residue effects on soil quality following 10-years of no-till corn. Soil Till. Res. 31: 149-167.

Karlen, D.L., N.S. Eash y P.W. Unger. 1992. Soil and crop management effects on soil quality indicators. Amer. J. Altern. Agric. 7: 48-55.

Kettler, T.A., D.J. Lyon, J.W. Doran, W.L. Powers y W.W. Stroup. 2000. Soil quality assessment after weed-control tillage in a no-till wheat-fallow cropping system. Soil Sci. Soc. Am. J. 64: 339-346.

Knops, J.M.H. y D. Tilman. 2000. Dynamics of the nitrogen and carbon accumulation for 61 years after agricultural abandonment. Ecology 81: 88-98.

Larson, W.E. y F.J. Pierce. 1991. Conservation and enhancement of soil quality. In: Evaluation for sustainable land management in the developing world. Vol. 2. IBSRAM Proc. 12(2). Int. Board for Soil Res. and Management, Bangkok, Thailand.

Larson, W.E. y F.J. Pierce. 1994. The dynamics of soil quality as a measure of sustainable management. In: Doran, J.W., D.C. Coleman, D.F. Bezdiceck y B.A. Stewart (eds.). Defining soil quality for a sustainable environment. Special Publication No. 35. Soil Sci. Soc. Am., Madison, Wisconsin. pp. 37-51.

Lorence, D.H. y A. García-Mendoza. 1989. Oaxaca, México. In: Campbell, D.G. y H.D. Hammond (eds.). Floristic Inventory of Tropical Countries. The status of plant systematic collections and vegetation, plus recommendations for the future. The New York Botanical Garden. pp. 259.

Lowdermilk, W.C. 1953. Conquest of the Land Through Seven Thousand Years. Agriculture Information Bulletin No. 99. USDA, Soil Conservation Service, Washington, DC. pp. 30.

Mairura, F.S., D.N. Mugendi, J.I. Mwanje, J.J. Ramisch, P.K. Mbugua y J.N. Chianu. 2008. Scientific evaluation of smallholder land use knowledge in Central Kenya. Land Degrad. Develop. 19: 77-90.

Masciandaro, G. y B. Ceccanti. 1999. Assessing soil quality in different agro-ecosystems through biochemical and chemico-structural properties of humic substances. Soil Till. Res. 51: 129-137.

Nannipieri, P., B. Ceccanti y S. Grego. 1990. Ecological significance of biological activity in soil. In: Bollag, J.M. y G. Stotzk (eds.). Soil Biochemistry vol. 6. Marcel Dekker, New York. pp. 293-355.

Nannipieri, P., E. Kandeler y P. Ruggiero. 2002. Enzyme activities and microbiological and biochemical processes in soil. In: Burns, R.G. y R.P. Dick (eds.). Enzymes in the Environment. Marcel Dekker, New York, pp.1-33.

Pankhurts, C., B.M. Doube y V.V.S.R. Gupta. 1997. Biological Indicators of Soil Health. Cab International. UK. pp. 97-105.

Parr, J.F., R.I. Papendick, S.B. Hornick y R.E. Meyer. 1992. Soil quality: attributes and relationships to alternative and sustainable agriculture. Amer. J. Altern. Agric. 7: 5-11.

Pierce, F.J. y W.E. Larson. 1993. Developing criteria to evaluate sustainable land management. In: Kimble, J.M. (ed.). Proc. of the 8th Int. Soil Management Workshop: Utilization of Soil Survey Information for Suatainable Land Use. USDA-SCS, National Soil Survey, Lincoln, NE.

Porta, C.J., M. López A. y C. Roquero. 1999. Edafología para la agricultura y el medio ambiente. 2da. Edición. Ediciones Mundi-Prensa. España. pp. 75, 527.

Reganold, J.P. 1988. Comparison of soil properties as influenced by organic and conventional farming systems. Am. J. Altern. Agric. 3: 144-155.

Romig, D.E., M.J. Garlynd, R.F. Harris y K. McSweeney. 1995. How farmers assess soil health and quality. J. Soil Water Conserv. 50: 229-236.

Sánchez-Marañon, M., M. Soriano, G. Delgado y R. Delgado. 2002. Soil quality in mediterraneum mountains environments: effects of land use change. Soil Sci. Soc. Am. J. 66: 948-958.

Saviozzi, A., R. Levi-Minzi, R. Cardelli y R. Riffaldi. 2001. A comparison of soil quality in adyacent cultivated, forest and native grassland soils. Plant Soil 233: 251-259.

Seybold, C.A., M.J. Mausbach, D.L. Karlen y H.H. Rogers. 1997. Quantification of soil quality. In: Lal, R., J.M. Kimble, R.F. Follet y B.A. Stewart. (eds.) Soil Process and the Carbon Cycle. Press Inc. USA. pp. 387-403.

Sharma, K.L., U.K. Mandal, K. Srinivas, K.P.R. Vittal, B. Mandal, J.K. Grace y V. Ramesh. 2005. Long-term soil management effects on crop yields and soil quality in a dry Alfisol. Soil Till. Res. 83: 246-259.

Singer, M.J. y S. Ewing. 2000. Soil Quality. In: Sumner, M.E. (ed.). Handbook of Soil Science. CRC Press, Washington, DC.

Soil Survey Staff. 1996. Keys to Soil Taxonomy. USDA. Eight Edition. USA.

Soil Survey Staff. 1998. Keys to Soil Taxonomy. USDA. Eight Edition. USA.

Sojka, R.E y D.R. Upchurch. 1999. Reservations regarding the soil quality concept. Soil Sci. Soc. Am. J. 63: 1039-1054.

Sparling, G.P. 1997. Soil microbial biomass, activity and nutrient cycling, as indicators of soil health. In: Pankhurts, C.E., B.M. Doube y V.S.R. Gupta (eds.). Biological Indicators of Soil Health. Cab International. UK. pp. 97-105.

SQI (Soil Quality Institute). 1996. Indicators for Soil Quality Evaluation. USDA Natural Resources Conservation Service. Prepared by the National Soil Survey Center in cooperation with The Soil Quality Institute, NRCS, USDA, and the National Soil Tilth Laboratory, Agricultural Research Service.

Sumner, E. M. 2000. Handbook of Soil Science. CRC Press, Washington, DC.

Vergara-Sánchez, M.A. 2003. Identificación y selección de indicadores de calidad del suelo y sustentabilidad en sistemas naturales y agrícolas de ladera en Oaxaca. Tesis de Doctor en Ciencias. IRENAT, Colegio de Postgraduados. Montecillo, México.

Visser, S. y D. Parkinson. 1992. Soil biological criteria as indicators of soil quality: soil microorganisms. Amer. J. Altern. Agric. 7: 33-37.

Webster's Dictionary. 1986. Third of New International Dictionary of the English Language Unabridged Vol. 11. Encyclopedia Britannica, Inc., Chicago. USA. pp. 1858.

Wick, B., H. Tiessen y R.S.C. Menezes. 2000. Land quality changes following the conversion of the natural vegetation into silvo-pastoral systems in semi-arid NE Brazil. Plant Soil 222: 59-70.